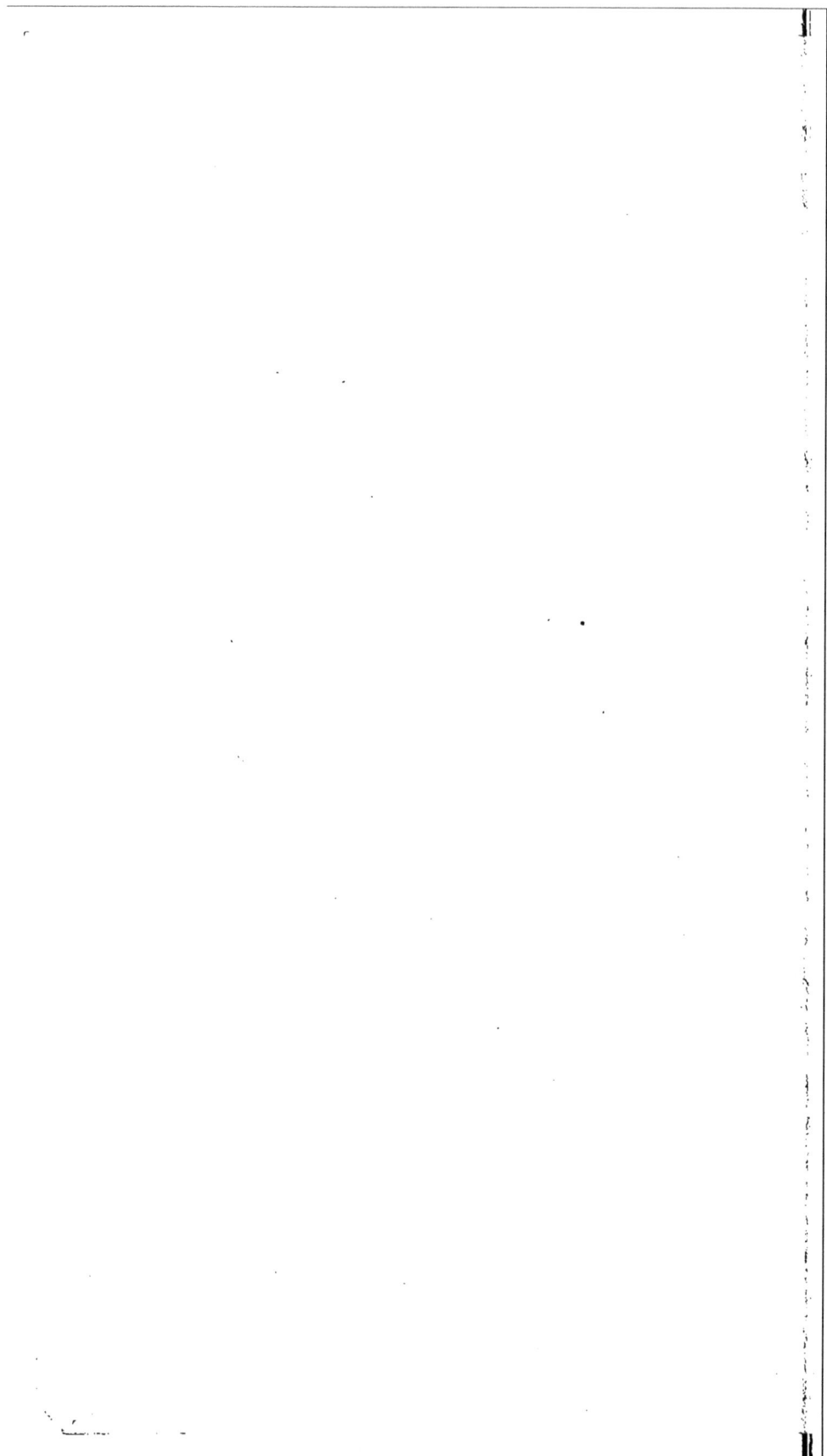

SOUVENIRS DE 1832.

Mon Départ d'Hyères. — Voyage à travers les
montagnes. — Rencontre du Franc-Maçon. —
Episode de la Guerre d'Espagne en 1809.

Par le Colonel J. MARNIER.

PARIS,
IMPRIMERIE GUIRAUDET ET JOUAUST,
RUE SAINT-HONORÉ, 315.

1850

SOUVENIRS DE 1832.

Mon départ d'Hyères. — Voyage à travers les montagnes. — Rencontre du Franc-Maçon. — Episode de la guerre d'Espagne en 1809.

Je quittai Hyères (1) un des derniers, sans autre plan arrêté que celui de rentrer à petites journées dans la capitale en traversant un pays inconnu pour moi.

La révolution de Juillet avait brisé ma position à la cour de Charles X, dont j'étais l'un des gentils-hommes de la chambre; seuls, mon rang et mes épaulettes me restaient, la loi ne permettant pas de me les ravir. Je laissai nombre de mes collègues, soit

(1) Que l'on nomme improprement les *îles d'Hyères.*

de l'armée, soit de la maison du roi, encombrer les antichambres des ministères et envahir les salons de la royauté nouvelle. Pour moi, je crus devoir me tenir près de deux années éloigné de la capitale ; j'allais enfin y retourner, à la suite de quelques mois passés tant auprès de mon ami l'amiral de Rosamel, préfet maritime de Toulon, qu'à Hyères parmi plusieurs familles venues ainsi que moi dans ces charmants parages pour y jouir d'une paix embaumée.

Je traversai Marseille et Nîmes ; je restai dans cette dernière ville néanmoins assez de temps pour contempler en détail ses belles antiquités.

Le jour que j'avais fixé pour mon départ, j'avisai, de la fenêtre de mon auberge, qui donnait sur la place, une voiture de forme singulière. Elle ne ressemblait en rien aux systèmes de véhicules que j'avais eu l'occasion de voir jusqu'alors ; c'était une espèce de petite charrette à bras, fort basse, pourtant suspendue et ne manquant pas d'une certaine élégance, autrefois peinte en vert ou bleu, avec des roues grandes comme celles d'une brouette.

C'était jour du marché ; plusieurs habitants s'amusaient à tourner en ridicule cette voiture attelée d'un cheval moins gros qu'un chien de Terre-Neuve. Le propriétaire de l'équipage offrait de vendre le tout ensemble, et comme il demandait un prix qui pour être modique ne convenait à personne, malgré les nombreux éloges qu'il faisait du petit animal et de la solidité du mécanisme locomoteur, chacun riait de plus belle aux dépens du pauvre campagnard.

Las d'attendre, le brave homme allait reprendre le chemin de son village lorsque j'arrivai ; je ne pus d'abord m'empêcher de prendre part à l'hilarité générale en jetant les yeux sur ce singulier attelage. Dès que je fus informé de la mise à prix, j'eus la pensée de m'en faire l'acquéreur et de poursuivre ainsi ma route au travers des montagnes : moyennant une somme de 100 fr., je fis amener cheval et voiture à mon hôtel.

Imaginez-vous un pauvre animal qui, je le répète, ressemblait plus à un gros chien qu'à un cheval, surtout par les longs poils dont tout son corps était couvert. Figurez-vous deux minces oreilles dépassant de fort peu une crinière à la fois pendante et hérissée... Tel était l'objet de mon achat. Quant à la voiture, j'avais cru y découvrir un parfum aristocratique sentant le bric-à-brac; puis, lorsque j'eus porté de plus près mon inspection, je compris qu'au moyen de quelques travaux réparateurs il ne serait pas impossible de la remettre sur un certain pied.

Je fais venir un de ces hommes qui ont pour mérite de tondre les mules, et je commande immédiatement la grande toilette de Marianne (c'était son nom). Tandis qu'un charron s'occupe de quelques rafistolages indispensables au véhicule, le peintre en ravive le coloris, et 24 heures suffisent à une transformation satisfaisante. J'avais organisé une capote en soie rayée, aux couleurs orientales. On me vit me mettre en route dans mon petit char réellement fabuleux traîné par Marianne, qui avait tout l'air d'un cheval savant, tant ses allures se balançaient coquettes sous le harnais léger qui remplaçait celui dont le poids l'écrasait la veille. Les voyageurs mes commensaux me souhaitèrent un heureux voyage, me

recommandant surtout de me défier des baraques (1).

Mon costume était des plus simples ; une blouse de
toile recouvrait ma veste de chasse, et un large feu-
tre gris, à la mode provençale, complétait ma mise
de voyage.

Ma voiture ne contenait qu'une petite malle en cuir
assez mal pourvue. La tournure de Marianne, avec laquelle je partageais toujours mon pain, les grâces de
Finette, ma jolie petite chienne, étaient loin de faire
croire à la richesse du maître. Aussi eus-je la modes-

---

(1) J'avais confié à mon hôte l'intention de cheminer
par les montagnes pour arriver en ligne droite aux eaux
du Mont-d'Or. Alors, me dit-il, vous serez forcé de cou-
cher bien souvent dans les baraques (chétives maisonnet-
tes huchées sur le versant solitaire des collines, et habitées
seulement à la belle saison). Les gens qui y reçoivent les
passants ne vivent pas, dit la chronique, en parfaite odeur
de sainteté ; mon hôte n'était pas sans inquiétude, me
voyant entreprendre une expédition aussi périlleuse, surtout avec mes façons particulières de voyager.

J'étais armé de bons pistolets à deux coups ; mais j'usai
d'une stratégie moins belliqueuse, et je m'en trouvai fort
bien. Chaque fois que j'arrivais dans une de ces hôtelle-
ries singulières, je m'annonçais comme précédant une
vingtaine de fiers compagnons qui devaient suivre de deux
en deux jours ; je laissais une lettre pour les premiers qui
étaient censés près de venir, et je recommandais bien qu'on
leur désignât le chemin que j'allais prendre. Ces précau-
tions portèrent coup ; je reçus toujours un excellent ac-
cueil, et ces montagnards à figures rébarbatives et sinistres
furent envers moi d'une excessive politesse.

tie de laisser entendre que j'étais le chef de file d'une troupe de saltimbanques en marche; cet expédient me permit des coudées plus franches avec mes hôtes des baraques.

Le cinquième jour de mon départ j'atteignis la petite ville de *Saint-Jean-de-la-Garde*, après avoir traversé une chaîne de collines abruptes, où je ne rencontrai que des chevriers parlant à peine le français. Plusieurs fois j'avais été forcé de m'atteler avec Marianne pour gravir la cîme des montagnes, j'enrayais les roues et retenais la voiture lorsqu'il fallait descendre. Cette première promenade, véritable course au clocher, m'ayant un peu dégoûté, je me proposais bien de me reposer un jour seulement à Saint-Jean-de-la-Garde, puis de me diriger sur Mende, où je devais rejoindre la grande route de Clermont.

Mon hôtesse de Saint-Jean-de-la-Garde, qui avait des parents au hameau de Pompidon, dans la montagne, ainsi qu'à Florac, six lieues plus loin, me fit un tableau si ravissant de ce pays, que je me décidai à continuer ma route aventureuse.

Je couchai à Sainte-Croix chez le curé, le seul peut-être de toute la vallée qui parlât bien le français; pendant toute la soirée il se donna la singulière distraction de me défiler tout un chapelet d'histoires, de vols et d'assassinats commis dans la contrée; il voulut bien m'offrir de m'accompagner jusqu'à Pompidon, village où très certainement aucun Parisien n'a posé le pied : 200 chèvres accoururent pour me voir passer. Comme pour elles c'était l'heure du retour, elles me firent hommage de leurs plus

belles cabrioles et de leurs plus harmonieux bêle-
ments, qui contrarièrent Marianne et Finette au point
de faire presque briser mon char par les mouvements d'impatience de la première ; quant à la se-
conde, elle aboyait avec une telle vivacité, que le
bouc du troupeau s'acharna sur nous ; sans mon
grand bâton de montagnes, il nous eût infaillible-
ment culbutés.

Je traversai la ville aux chèvres, remerciant mon
curé, qui voulait m'y faire fête chez son confrère ; je
préférai poursuivre mon chemin ; la nuit venue, j'en-
trais au hameau de Sainte-Croix.

Je me dirigeai vers une sorte de châlet assis sur le
bord d'un ruisseau qui sautille et descend par le côté
gauche de la montagne.

Quel fut mon étonnement de voir une charmante
jeune fille venir à moi d'un air joyeux, et me dire
avec un accent espagnol très prononcé que ses parents allaient revenir de Florac ! En effet, un chien
accourt presque au même instant, et accable de ca-
resses l'élégante petite paysanne ; puis, arrive un
homme de taille élevée, qui me parut avoir de 60 à
65 ans. Il précédait une belle femme, fort brune,
jeune encore ; tous deux étaient suivis d'une grosse
servante qui portait sur sa tête une vaste corbeille
renfermant divers objets.

— Monsieur, dis-je au père de la gentille demoi-
selle, vous voyez à mon équipage que je suis un
voyageur ; me défiant des auberges du village, j'ai eu
l'idée de venir vous demander asile pour la nuit.

— Monsieur, ma maison est petite, mais elle con-
tient pourtant une pièce libre, celle où couche mon

beau-frère lorsqu'il vient nous voir : je vous l'offre bien volontiers.

— Vous n'êtes pas de ce pays?

— Non, Monsieur, dit-il en poussant un soupir.

— A votre accent je vous crois Espagnol.

— Est-ce que vous connaissez l'Espagne?

— Beaucoup.

— Etes-vous allé en Andalousie?

— J'ai habité deux ans *Séville*, *Xérès*, *Santa-Maria*, *Chiclana*.

Se redressant aussitôt, et me montrant sa femme : — Mariquita est de Séville même; mais entrez donc Monsieur, ajouta-t-il en espagnol. Puis, s'occupant aussitôt de Marianne, il l'établit dans l'écurie... Dès ce moment, madame Mariquita me reçut comme un compatriote. Juanita, sa fille, prépara gaiement mon gîte. Nous ne parlâmes pendant tout le dîner que la langue espagnole.

Nous nous entretînmes des événements du temps passé; mon hôte savait par cœur la guerre de la Péninsule avec les noms des généraux et souvent des simples officiers. Je lui marquai mon étonnement, il me répondit : —J'ai été (corps et âme) dévoué à Ferdinand VII, je l'ai accompagné en France dans le beau château de Valençay, d'où je m'échappai afin de voler au secours de ma patrie.

Je partageai cent fois le sort de mes malheureux camarades, car vous étiez toujours les plus habiles, et vos soldats, Monsieur, sont les meilleurs, les plus valeureux des temps modernes.

Nos armées, sans cesse détruites, se recomposaient

pour l'amour de l'indépendance et la haine de l'op-
pression... Nous eussions tous péri jusqu'au dernier
si votre Empereur ne fût allé ensevelir dans le grand
linceul de la Russie la plus belle armée du monde.

— Puisque vous avez fait la guerre d'Espagne,
ajouta-t-il, nous avons dû nous rencontrer plus d'une
fois sur les mêmes champs de bataille ; de quel corps
faisiez-vous partie?

— Du premier corps.

— Ah! le maréchal Victor vous commandait, et
immédiatement sous ses ordres était le général Barrois... Le 24e régiment marchait sous la conduite du
colonel Jamin..., deux hommes qui méritent le ciel!...

— Est-ce que vous les auriez connus?

— Non, mais c'est à leur généreuse intervention
que je dois la vie et le bonheur de l'achever entre la
meilleure des femmes et la plus délicieuse créature
que vous voyez..., ma Juanita... Des larmes descen-
daient lentement sur ses joues.

Nous parlâmes Espagne, Russie et France; il me
parut décidé à ne plus quitter le chalet qu'il avait fait
construire lui-même, et qui était destiné à devenir
le centre d'une petite colonie espagnole. Il me mon-
tra le plan d'un village qui devait être bâti sur le
terrain assez vaste dont il était propriétaire, lorsque
7 à 8 familles qu'il attendait seraient réunies. Déjà
même plusieurs de ses compatriotes se trouvaient à
Florac, d'où chaque jour l'architecte venait ajouter à
son tracé.

La belle Mariquita, brillante de toute l'allure et
des grâces andalouses, joignait à sa vivacité naturel-

te cette expression de bienveillance attractive qui sé-
duit et enivre, tout en inspirant le respect; sa fille
était bien la plus gracieuse personne que j'aie vue ; la
naïveté de ses réponses et son jeune laisser-aller
la rendaient extrêmement intéressante..., éminem-
ment symphatique.

Le lendemain je devais me mettre en route ; mais
l'Espagnol, comme je l'ai dit, attendait plusieurs compatriotes ; il me témoigna cordialement le désir de
me montrer, sur les lieux, le plan de sa colonie, et
je ne pus faire moins que de lui promettre de passer
la journée suivante avec lui.

Nous parcourûmes les environs ; il me plaça devant un site qui lui rappelait une des grandes cir-
constances de sa vie... Ce village que vous voyez au
bas de la côte, cette vallée d'où arrive le torrent tu-
multueux, jusqu'au son de la cloche que vous enten-
dez, me représentent l'endroit où je fus découvert et
pris par vos troupes, alors que je voulais tenter un
grand coup d'audace contre l'armée du maréchal
Victor... qui m'accorda la vie !... Un jeune officier, me
prenant pour un indigène, me désigna pour conduire une colonne à travers la montagne. ... Hélas ! j'eus
beau dire que je ne connaissais pas le pays, on refu-
sa de me croire, il me fallut marcher bon gré mal
gré, si bien que dans mon ignorance des lieux je finis
tout naturellement par égarer la colonne. On me
soupçonna d'espionnage..., on me fouilla..., et par
les papiers pris sur moi on reconnut que j'étais un
officier, un ami de Cuesta, notre général en chef...

Pendant ce récit, mon regard s'était fixé sur l'Espagnol... Je le regardais avec une telle anxiété, que, s'en étant aperçu, il ralentit sa parole, comme s'il jugeait que ces détails m'étaient pénibles à entendre. — Eh bien alors, lui dis-je, vous fûtes conduit à Truxillo..., mis en prison..., et le même officier qui vous avait désigné vint vous y retrouver.

A son tour l'Espagnol ouvrit de grands yeux, sa langue semblait paralysée... Il agitait ses bras...; puis, s'élançant vers moi : —Vous..., vous..., vous le capitaine Marnier ! — Santa-Cruz ! lui dis-je à mon tour, le pressant avec bonheur.

—Asseyons-nous, mon ami, mon sauveur, asseyons-nous..., les jambes me manquent... Redevenu plus calme, Santa-Cruz me serra les mains avec effusion... —Dieu a voulu nous réunir, reprit-il...; mais c'est en présence de Mariquita, mon ami, que vous apprendrez tout ce qui m'est arrivé depuis notre séparation dans la prison de Truxillo...

Nous prîmes la route du chalet, plongés dans une silencieuse émotion qui traduisait le bonheur de nous retrouver vivants et le désir de connaître quels événements nous étaient arrivés.

—Accours, Mariquita, s'écria-t-il du plus loin que nous l'aperçûmes... Notre hôte..., c'est un ami..., un ancien ami.., celui qui sauva mes jours... Ce généreux et brave capitaine... Ah ! me dit-il, qu'il me tarde d'épancher mon cœur dans votre cœur !...

Arrivés au chalet, Santa-Cruz reprit le cours de l'entretien... —Retournons vers Truxillo... Toi, Mariquita..., toi, ma Juanita, vous savez déjà tout ce que je vais raconter...; mais soyez indulgentes...: je vais parler à un autre nous-mêmes.

Malgré l'assurance que vous m'aviez donnée d'ê-
tre.considéré comme un captif ordinaire, mon aven-
ture, connue du commandant de Truxillo, lui inspi-
rait une telle crainte, qu'il ne diminuait pas la surveillance dont j'avais été l'objet dès mon arrivée;
aussi attendais-je avec une mortelle anxiété le départ
d'un convoi de prisonniers, conservant la vague espérance d'en faire partie.

La nouvelle du succès remporté par votre armée à
Medelin, peu de jours après notre séparation, me
causa les plus vives inquiétudes... J'avais trois fils
dans le régiment des grenadiers royaux, où je commandais la compagnie des grenadiers vallons. Ce
beau régiment, qui formait toujours l'avant-garde,
avait dû beaucoup souffrir: j'étais impatient d'en recevoir des nouvelles, que pouvaient seuls me donner les prisonniers; mais il fallait les attendre pendant trois grands jours encore !... Mon cœur était
brisé... Je pouvais cependant m'évader, la surveillance étant devenue moins sévère par suite de travaux qui s'opéraient dans ma prison pour lui donner
plus d'étendue.

Mais écoutez bien, mon ami, ce que je vais ajouter; puis jugez des mille sensations qui vinrent m'as-
saillir le 30 mars 1809: cette date ne s'effacera jamais de ma mémoire..., de mon cœur.

Le 30 mars, il était 10 heures du matin, un sous-
officier m'appelle..., m'ordonne de le suivre...J'aper-
çois dans la cour un fourgon à demi ouvert... Un officier de hussards, blessé, se soulève, me demande
mon nom... et m'annonce que mon fils Antonio est
au nombre des prisonniers..., que bientôt je le re-

verrai... Le regard de cet officier étudiait, péné-
trait mes émotions..!. Puis, lorsqu'il pensa que
je pouvais supporter tout le bonheur qu'il me préparait, et que j'étais assez fort pour embrasser mon
fils, sans qu'il en résultât une impression dangereuse pour tous deux, une tête entourée de linges san-
glants se dressa près de lui... Mon Antonio m'appa-
raissait... Père, s'écrie-t-il d'une voix faible..., me
voilà; je dois l'existence à l'ami du brave officier qui
me ramène vers toi...

Le lieutenant de Turckheim (dont le nom, ainsi que
le vôtre, est impérissable en moi), quoique blessé
grièvement, donna des ordres pour que mon fils me
fût rendu; il mit le comble à ses bons offices en ob-
tenant que nous fussions traités comme prisonniers
sur parole. Il exigea même que nous partageassions
son logement, et il fit soigner par son chirurgien les
plaies de mon fils pendant les quelques jours que
nous passâmes ensemble dans la ville de Truxillo.

Qu'étaient devenus mes deux autres enfants ?...
Mon Antonio devinait mes angoisses... Il se taisait...
Je me sentais mourir. Ses pleurs vainement retenus
me révélèrent une affreuse vérité... Ce pauvre Antonio !.., si cruellement meurtri !... Je refoulai ma
douleur... Je craignais de voir ce cher enfant expi-
rer dans mes bras !... Je fis un effort surnaturel en
lui disant d'un air et d'un ton calme...: Dieu est le
maître !... mon fils ; courbons-nous devant ses dé-
crets.

—Oui, père..., oui..., le Ciel a voulu me conserver
seul...; mais je suis là..., près de toi...; il ne vou-

dra plus nous séparer... Oh! alors, nous confondî-
mes nos visages humides, et nos sanglots ne furent
interrompus que par nos prières...

— La nuit de repos écoulée..., mon Antonio reprit sa narration : Il y a quatre jours le capitaine
Gonzalès, qui vous avait accompagné lors de votre
départ de l'armée, revint conter au général Cuesta
que, vous trouvant sur les bords du Tage, à Alma-
raz même, avec un certain nombre de partisans, tous
déguisés comme vous en muletiers (arrièros), vous,
père, vous fûtes choisi pour guider une colonne, et
que vos compagnons reçurent des missions analo-
gues. Gonzalès, ayant été chargé de conduire quelques mules, parvint dès le troisième jour à tromper
la surveillance des gardes du convoi; il suivit pendant toute une semaine les flancs de la colonne, fai-
sant ses efforts pour vous rejoindre et rassembler vos
compagnons, afin de remplir la tâche qui vous avait
été imposée. Vaines tentatives..., espérances perdues,
car on lui assura qu'ayant été fouillé, vos dépêches
secrètes étaient tombées entre les mains des Français, et que vous aviez été fusillé comme espion avant
que l'armée française eût atteint Truxillo.

C'était le matin même de la bataille... Vous jugez,
père, jusqu'à quel point la rage nous envahit le cœur...
Notre frère aîné, appelé au quartier général, apprit
par Cuesta lui-même ces affreux détails... Dès lors
plus de doute..., il était comme fou... Mes amis...,
mes frères, nous dit-il à Pédro et à moi..., nous de-
vons venger la mort de notre père... Aujourd'hui...,
jour de bataille, point de quartier pour les Français...,
ces assassins de notre père!... Jurons d'exterminer

tous ceux qui nous tomberont sous la main... Pas de
grâce..., pas de miséricorde... Nous en faisons le
serment solennel en présence de la compagnie, qui,
instruite de la catastrophe, s'associe à notre haine, à
nos projets de destruction... Nous et nos cent grenadiers nous valions alors dix mille hommes, tant
mon frère avait su nous animer.

Le 28 mars 1809, la bataille commença. Chargés
de défendre le faubourg de Médelin, nous eûmes à
lutter contre plusieurs régiments français d'une force
numérique cent fois supérieure à la nôtre. Père, nous
défendîmes le terrain pied à pied..., comme des
gens de cœur. Mais combien cette résistance opi-
niâtre et glorieuse nous coûta cher!... C'est pendant
notre retraite que mon frère périt en commandant les
grenadiers qui protégeaient l'extrême arrière-garde.
Oui, père, oui..., le capitaine Don Jose Santa-Cruz
est mort digne de notre nom (1).

_____

(1) Nul ne porte aussi loin le mépris de la mort qu'un
Espagnol! Faites vibrer les cordes qui touchent à son honneur, et vous ne le verrez point hésiter un seul instant. La
fierté de l'homme s'épanouira dans toute sa plénitude... La
mort! il l'attendra de pied ferme, s'il le faut, et son instinct
spontanément héroïque lui fera juger comme un acte vul-
gaire le sacrifice de la plus belle existence.

Les Andaloux, plus particulièrement, ont reçu des Mau-
res cette vertu antique, ce mâle fanatisme qui ressortirent
avec tant d'éclat dans la guerre de l'Indépendance. Eh!
qu'on ne vienne plus nous citer, par contre, les guet-
apens, les meurtres, les exécutions, tous les fruits malheureux des discordes civiles qui ensanglantent chaque jour

La bataille, bientôt engagée sur tous les points, fut complétément perdue par l'incapacité de plusieurs de nos généraux.

---

encore un si beau pays!... Nous ne viendrons pas nier que son ciel de feu n'abrite certaines natures d'*exallados* qui s'enivrent par la vue du sang ! Mais, grâces à Dieu, elles ne sont que l'exception fatale ces artères de tigres qui battent dans des cœurs humains. On affirme que les imaginations agitées du midi de la Péninsule n'échappent point à l'influence du vent qui souffle par diverses époques de l'année : le solano descend de la côte d'Afrique sec et brûlant ; il semble chargé de mille et mille atômes respirables, qui oppressent les cerveaux tant soit peu prédisposés. Les observations statistiques donnent pour résultat, dans cette période, un chiffre plus élevé de suicides et d'assassinats, que dans les phases ordinaires.

Mais de tels phénomènes ne sauraient altérer en rien le fonds généreux, chevaleresque, du caractère espagnol : on ne détermine pas une appréciation d'économie animale par ses accidents morbides.

La position que j'avais été chargé d'attaquer était défendue par un parti de grenadiers royaux qui nous opposaient une résistance des plus opiniâtres.

Nous ne pouvions atteindre la ville qu'en escaladant les haies et les murs de clôture, ce qui donnait lieu à des luttes acharnées ; le plus souvent elles se débattaient corps à corps.

L'officier espagnol qui commandait sur ce point déployait une activité, une bravoure telles, que je me félicitais et m'enorgueillissais d'un pareil adversaire. Je manœuvrais dans l'unique but de le faire mon prisonnier.

Depuis quelques heures je m'étais attaché à lui, plusieurs fois même je l'avais dépassé ; mais il connaissait parfaitement son terrain et savait toujours s'esquiver. Je l'avais signalé à ceux de mes soldats qui me suivaient... Ils avaient

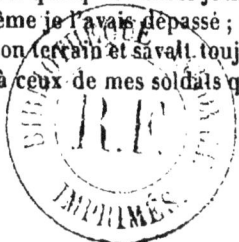

Des fleuves de sang avaient coulé !!...

Après des mouvements sans nombre, notre divi-
sion, exposée au feu d'une artillerie formidable, lutta
la dernière... Tous nos amis tombèrent. Nous ser-
rions nos rangs incessamment éclaircis... J'attirai
Pédro dans mes bras... Frère, lui dis-je..., encore
un embrassement... : qui peut nous assurer que ce
ne sera pas le dernier !!... Dieu venait de nous sug-

---

ordre de me l'amener vivant. — La retraite des grenadiers royaux était lente, car de cette défense pied à pied dé-
pendait le salut de la position occupée par l'aile droite de
l'armée ennemie : aussi les efforts de cette troupe d'élite
étaient, je le répète, vraiment prodigieux.

Je parvins cependant à la précipiter vers un dernier ob-
stacle. Pressée, acculée contre un mur, la troupe intrépide
se met en devoir de franchir ce point de salut, et le
jeune officier qui dirigeait le mouvement rétrograde était
déjà à cheval sur la muraille, prêt à sauter, lorsqu'un des
siens que mes voltigeurs serraient de près jette son arme et
crie : Viva al rey pepe (Vive le roi Joseph) ! L'officier espagnol revient brusquement sur ses pas... Muera el traïdor
(périsse le traître)! s'écrie-t-il d'un accent furieux, et il en-
fonce jusqu'à la garde son sabre dans la poitrine du sol-
dat !... Je demeurai immobile, cherchant à me rendre
compte d'un acte que je ne savais comment qualifier...
Tout mon esprit se partageait entre l'horreur et l'admiration... La retraite de l'officier est devenue impossible...
Je m'avance pour recevoir ses armes, mais vingt coups de
fusil l'étendent mort au même instant...

Ce brave jeune homme, à la fois bourreau de son com-
pagnon d'armes et martyr de son patriotisme, n'était autre que le fils aîné de Santa-Cruz!!!...

gérer ce fraternel, ce solennel adieu..., père..., car
à l'instant même un boulet le coupa en deux... Pauvre Pédro!!... Et ce coup de canon! ô fatalité! il
était le dernier que lançait l'artillerie française!!

- Bientôt une masse compacte de cavalerie fond sur
nous et achève notre défaite... Ils étaient 50 contre
1... Nulle résistance possible. Pas un de nous ne
pùt échapper...; tous..., nous fûmes couchés par
terre... Cette partie de la plaine se trouva bientôt
jonchée de morts... Ceux des blessés qui tentaient de
se relever étaient impitoyablement sabrés... Quel affreux carnage!!...

- Resté parmi les morts, je ne recouvrai mes sens
que vers le soir seulement. Des fantassins français
parcouraient le champ de bataille...: je leur demandai une mort prompte. Mais l'heure de la colère
était passée; on me transporta, en compagnie d'autres blessés, au poste le plus voisin, où tous les secours nécessaires me furent prodigués avec une in-
comparable humanité.

Là, dans le voisinage d'une petite chapelle, un
brave officier..., mon libérateur..., présida aux ap-
prêts du docteur (1), lequel eut à panser les larges
blessures qui ouvraient ma tête en plusieurs en-
droits...

C'est à lui, à sa générosité, à son cœur paternel,

---

(1) M. Midi, alors chirurgien-major au 24ᵉ régiment,
aujourd'hui en retraite, habitant Moulins.

que je dois ce moment d'autant plus heureux, père, que, pensant avoir survécu seul de nous tous, je dédaignais la vie, et voulais vous rejoindre là haut!..

O mon ami, me dit Santa-Cruz, combien grande fut ma joie! Dieu, qui vous avait destiné à nous conserver l'un pour l'autre, mettait dans nos deux cœurs un rayon d'espérance pour l'avenir.

Mon fils me remit une lettre de vous pour le général comte de Clermont-Tonnerre, aide-de-camp du roi Joseph. M. de Turckheim (1) m'offrit de nous emmener à Madrid avec lui dans un convoi de blessés français, plutôt que de nous laisser joindre aux prisonniers qu'on dirigeait sur cette capitale... J'acceptai la proposition avec reconnaissance.

Nous fîmes la route en frères... Je voyageais en toute liberté... J'avais donné ma parole. Je me rendis utile pour ces mille choses nécessaires aux blessés, qu'un habitant du pays pouvait seul découvrir et se faire délivrer.

A notre arrivée dans Madrid, M. de Turckeim voulut nous présenter lui-même à M. le comte de Clermont-Tonnerre, qui nous accueillit très cordialement, et se mit à notre disposition pour tout ce dont nous pouvions avoir besoin. Il me parla même d'un régiment qu'il organisait au moyen de prisonniers qui se rangeaient sous les drapeaux du roi Joseph. Par ma réponse mesurée, il reconnut bien que je

---

(1) Ex-ministre de la marine, ex-pair de France, aujourd'hui lieutenant-général.

n'étais pas dans l'intention de trahir mon serment ;
loin de me blâmer, il m'offrit un sauf-conduit pour
passer en France... J'acceptai, à la condition qu'il
recevrait ma parole de ne jamais porter les armes
contre la France, dans quelque position que je pusse
d'ailleurs me trouver durant le cours de mon existence. Il me tendit la main en franc-maçon, et le
lendemain je reçus de lui un passeport illimité, puis
une bourse dans laquelle se trouvait plus d'or qu'il
ne nous en fallait pour quitter l'Espagne.

Il m'était bien difficile de me séparer de M. de
Turckheim, qui s'était pris d'une vive affection pour
mon fils : aussi attendîmes-nous qu'il fût en état de
prendre la route de France, pour sortir avec lui de
la Péninsule, et lui continuer nos soins pendant ce long
voyage.

Une fois à Bayonne, il fallut enfin nous séparer.
Mon projet de retourner aux îles Canaries, où rési-
dait ma famille, m'obligeait à prendre la direction de
l'Angleterre, où je pouvais trouver les seules voies
de transport. C'est encore à votre.... à notre ami
M. de Turckheim que je dus la faveur de pouvoir atteindre les côtes de la Grande-Bretagne (1).

---

(1) Voici ce que me mandait M. de Turckheim : — « Mon
» bon camarade, je vous écris de Bayonne, où je viens d'ar-
» river, accompagné du brave Santa-Cruz et de son fils, l'in-
» téressant jeune blessé que vous me remîtes à Medelin. Je
» vous envoie la longue lettre que vous adresse le père : c'est

Depuis deux mois j'étais à Portsmouth, lorsqu'un navire, venant des Canaries, m'apprit qu'au nombre des victimes décimées par la fièvre jaune, qui avait sévi si cruellement dans l'île, j'avais à pleurer ma vieille mère et ma sœur unique ! Ainsi, aucun être vivant de ma famille n'existait plus dans mon pays natal... Je fis venir en Angleterre le produit de la vente des propriétés qui m'appartenaient, bien décidé à former un petit établissement dans la ville industrielle de Birmingham, où mon fils avait fait la conquête d'un riche manufacturier, qui l'adoptait pour second, en attendant qu'il le choisît pour gendre.... Nous vivions avec cette espérance.... J'avais pris une part dans son commerce, et mes capi-

» un homme bien supérieur sous tous les rapports, mon cher » Marnier. Je vais m'occuper à leur faciliter le passage en » Angleterre, d'où ils pourront rejoindre leur patrie, car ils » renoncent pour jamais à prendre les armes contre la » France. Que Dieu les accompagne !... Ils m'ont promis » de leurs nouvelles, que je m'empresserai de vous trans- » mettre..... »

La lettre de Santa-Cruz était l'expression d'un noble cœur, d'un cœur reconnaissant et dévoué à la mort...

Un long temps s'écoula sans que j'entendisse parler de Santa-Cruz. L'impossibilité de faire prendre des renseignements sur son compte en Angleterre me suggéra l'idée de publier une notice assez détaillée sur les faits qui nous étaient communs; espérant que par cette publicité nous pourrions à la fin trouver le moyen de nous rencontrer, ou au moins celui de correspondre. Je lui promis de rechercher ce travail dès mon retour à Paris, et de le lui envoyer. Il termine les pages que je trace ici.

taux, bien administrés, me faisaient espérer une belle fortune un jour.

Mlle Ketty, jeune fille de 14 ans, était un ange de candeur et de dévoûment extrême pour son père. Elle avait deviné l'avenir qu'il lui préparait; on la voyait s'ériger en maîtresse de maison, lorsque, pendant les vacances, elle venait passer plusieurs semaines au château. Sa gouvernante en faisait une personne accomplie.

Deux années encore, et nous n'avions plus rien à désirer sur terre.... Mais, hélas! Dieu m'avait réservé une nouvelle épreuve..... la dernière; ô mon Dieu! s'écria Santa Cruz en joignant les mains qu'il tendait vers le ciel!

Après un moment de silence, qui présageait une histoire sinistre, Santa-Cruz reprit :

Un jour Ketty, que son père et mon fils accompagnaient dans une promenade à cheval, éprouve de la part de sa monture une sorte de résistance... Elle la corrige... L'animal se mutine, elle cherche à le dompter.... il est indocile... il prend son élan.... Ketty perd l'équilibre... elle tombe.... elle est entraînée.... Le cheval effrayé prend la direction de la rivière... s'y élance.... disparaît entraînant Ketty, déjà morte peut-être... Mon fils, qui suivait ses traces, pousse vers Ketty... Mais le courant est rapide... Quels que fussent les cris des spectateurs et leurs efforts empressés.... Dieu avait voulu que le sacrifice fût accompli!

Le père de la malheureuse jeune fille perdit la raison et bientôt la vie.

Après avoir réalisé ma fortune, que d'avides pa-

rents de mon ami me rendirent, non sans mille tra-
casseries.... je quittai l'Angleterre, bien résolu d'a-
chever mes jours dans un cloître de règle austère et
de m'offrir à Dieu comme dernier holocauste!...

Je débarquai malade à Ostende, où l'on m'avait
conseillé de prendre les bains de mer.

Une foule d'étrangers de diverses nations encom-
brait les hôtels. Je me réfugiai sur la côte, chez un
pêcheur qui louait d'habitude une simple cabane, fort
proprement aménagée. Une chambre était encore libre; je l'occupai. Les autres pièces avaient été rete-
nues par deux dames... deux sœurs... deux Espagnoles... de l'Andalousie. L'une était l'épouse du
consul espagnol à la résidence de Copenhague; l'autre, veuve depuis quelque temps, après six mois de
mariage. Une seule femme de service composait leur
domestique.

Comme d'habitude, chacun de nous apprit par la
famille du pêcheur qui nous étions, et, en peu de
jours, nous nous connûmes parfaitement.

Ma mélancolie habituelle éveilla la curiosité de
mes voisines, auxquelles je racontai sans détour ma
biographie.... Je parlais à deux nobles cœurs, à
deux âmes sensibles... Nous ne tardâmes pas à trouver en nous une réciprocité de sentiments qui prit
bientôt un caractère sérieux.

Sur ces entrefaites, le consul arriva.... Présenté à
lui par mes voisines, qui l'avaient mis au courant de
ma vie, j'en fus parfaitement accueilli; sa bienveillance me toucha, et me porta vers lui tout d'abord.

A l'une de nos promenades, je ne me rappelle plus

comment s'engagea la conversation, mais il découvrit dans mes paroles que mon cœur recelait une vive estime, une sympathie bien dévouée pour sa belle-sœur. — Vous en êtes amoureux, dit-il, je le vois.... Je demeurai confondu ; puis, comme redevenant maître de moi : — Si je l'aime !.... Eh bien ! oui, je l'aime... Vous arrachez de mon cœur un aveu qui, sans votre franchise, n'en serait jamais sorti peut-être... Mais, ajoutai-je... puisqu'aussi bien mon âme a parlé, permettez maintenant que j'achève ma pensée tout entière... La señora Mariquita est une créature accomplie... J'ai pu l'étudier d'autant mieux, que, dans nos entretiens, le langage de l'amour n'a jamais pris place une seule fois. J'ai donc pu interroger sa nature d'une manière à peu près désintéressée. Elle-même a eu le bon esprit de trouver tout naturel que je ne misse aucune prétention à lui plaire... Mais si je pouvais lui convenir... si, dans son jugement sur moi, elle pouvait m'être favorable... Ah ! je regarderais comme le plus beau de mes jours celui où elle consentirait à porter mon nom. Vous voyez que je parle sérieusement... votre bienveillante cordialité m'y encourage... Attendez... ne me répondez pas... laissez-moi quelque peu dans le doute au sujet de l'espoir que je puis fonder sur ma confidence... Demain j'irai faire un petit voyage de quarante-huit heures... et, à mon retour, ce que vous me direz me déterminera, soit à quitter immédiatement Ostende... soit à remercier le ciel et vous, car alors je pourrai dire.... Dieu ne m'a point abandonné.

Nous nous séparâmes dès le lendemain. Je lon-

geais à pied la côte.... j'escaladais les falaises.... car
j'avais besoin de trouver des obstacles à surmonter...
J'errai le temps convenu ; puis, lorsque j'arrivai, le
consul accourut à ma rencontre et me dit : — Venez
voir ces dames... cher beau-frère, ajouta-t-il en ac-
centuant ces dernières paroles...

Voilà dix-neuf ans que Mariquita est ma femme...
Notre Juanita complète notre bonheur depuis seize
années !... Vous nous devez quelques jours, notre
ami, si rien ne vous appelle bien impérieusement
ailleurs ! Mais, mon Dieu ! par quel heureux hasard
vous trouvez-vous dans ce pays perdu.

Il est bien juste, lui répondis-je, que vous sachiez
à votre tour mes pérégrinations militaires depuis
Truxillo.

Je lui contai rapidement qu'après avoir passé quatre années à faire la guerre dans la malheureuse
Espagne, je fus envoyé de Cadix à Moscou, d'où j'eus
le bonheur de revenir avec le brave Rapp, premier
aide-de-camp de l'Empereur, qui m'avait entouré
d'une affection fraternelle. — Je dus lui parler de
cette grande et si malheureuse expédition, de la glorieuse défense de Dantzick, où nous fûmes enfermés
quinze mois. — Il ne connaissait que très imparfai-
tement l'histoire de cette campagne, comme celle de
l'héroïque défense du général Rapp dans Dantzick.
— Il fallut que je lui en développasse tous les incidents
pour qu'il pût croire à tant de prodiges, car il avait
traité de roman jusqu'alors tout ce qu'il en avait lu.

Il désira connaître ce qui m'était personnel.... si,
comme lui, je m'étais marié... si j'avais aussi une
famille, etc.

Je lui racontai que pendant la courte campagne de 1823 en Espagne, à laquelle j'avais pris part comme chef de l'état-major de l'infanterie de la garde royale, j'avais épousé une Andalouse... de Séville même. — Sa femme et les quelques compatriotes qui venaient d'entrer s'écrièrent ensemble : De Séville !... Séville! Mais la plupart de nous y sont nés... Le nom, le nom de cette Sévillana. — A. de U. Y. L., répondis-je. — Y. L.!... dit aussitôt Mariquita. — Y. ..L. répondis-je. — Mais, reprit Mariquita, est-ce bien A., la nièce du général de L... — Du général de L... répétai-je. — Alors la petite-fille du duc de San L... — Certainement. — Mais, mon Dieu ! ma mère, qui était nièce de la duchesse, me donna pour nourrice la bonne Dolorès, qui achevait de nourrir A... A... ma sœur de lait... mon amie... où est-elle ?... Je dus entrer dans les détails les plus intimes de famille. Il ne serait pas possible de se faire une idée des bonheurs incessants que nous éprouvâmes durant les huit jours que je donnai à mes amis.

La séparation fut pénible, et nous ne nous quittâmes point sans nous être promis d'échanger une correspondance bien suivie.

Le choléra, qui sévissait alors dans le nord de la France, gagna la Provence et fit de nombreuses victimes. Il y avait à peine deux mois que j'étais de retour à Paris, lorsqu'une lettre cachetée de noir vint m'apprendre que l'infortuné Santa-Cruz, le chef de cette colonie naissante, avait été frappé de mort ; et que tous, plongés dans la désolation, parlaient de rentrer en Espagne... La santé de Juanita, au surplus, commandait ce voyage.

Depuis lors nos communications épistolaires perdirent peu à peu de leur intérêt; une dernière lettre m'apprit le mariage de la gracieuse Juanita avec un riche habitant de la Havane, où elle avait suivi son mari, accompagnée de l'inconsable Mariquita.

Le récit qu'on va lire coïncide parfaitement avec tout ce qu'avait raconté devant moi Santa-Cruz. Ce fut, comme je l'ai déjà dit, avec l'espoir qu'il tomberait entre ses mains que je le fis insérer dans quelques journaux les plus répandus. Les feuilles anglaises et espagnoles le répétèrent sans que jamais j'aie pu rien apprendre alors du sort de Santa-Cruz.

ÉPISODE

DE LA

CAMPAGNE D'ESPAGNE

EN 1809.

LE FRANC-MAÇON.

Lorsque le premier corps d'armée, sous les ordres
du maréchal duc de Bellune, passa le Tage à Alma-
raz, je commandais une compagnie de voltigeurs qui
en précédait l'avant-garde : j'étais chargé d'éclairer
sa marche.

Parmi les habitants de l'autre rive, près desquels
je prenais des renseignements sur le pays, un homme de taille et de forme colossales attira mon atten-
tion tout particulièrement. Il répondait à mes ques-
tions avec une netteté, une précision qui m'éton-
nèrent. Son costume, qui était celui d'un simple muletier, dessinait le corps le mieux tourné que j'aie
vu. Il me parut avoir plus de six pieds ; sa physionomie, naturellement basanée, était à la fois
douce et grave ; le son de sa voix avait quelque chose
de séduisant ; enfin, ce modèle parfait de la nature
était à mes yeux l'image vivante des fameux cheva-
liers auxquels rien ne résistait dans les tournois ;
j'éprouvais un tel charme à le questionner, à écouter

ses réponses, que je perdais presque de vue le but important assigné à l'entretien.

Arriva un officier d'état-major. Je lui remis le muletier comme un guide duquel on pouvait tirer un bon parti, et je poursuivis sur la route de Truxillo ma reconnaissance, l'imagination pleine de cet être singulier, dont l'intelligence et l'extérieur annonçaient toute autre chose qu'un simple paysan.

Le soir de cette première journée, nous avions à peine pris position dans la montagne, lorsqu'on vint m'apprendre que le guide avait égaré une colonne, ce qui faisait naître des soupçons graves. En le fouillant, on avait trouvé sur lui des instructions secrètes du général en chef espagnol Cuesta.

Quoique cette nouvelle ne me surprît pas extrêmement, j'en éprouvai néanmoins un chagrin que je ne pus cacher, car je ne pouvais définir le sentiment d'attraction qui m'avait rendu si intéressant un homme que je croyais être un simple muletier ; ce sentiment s'accrut de telle sorte, lorsque je reconnus qu'il y allait de sa vie, que je résolus de faire tous mes efforts pour obtenir sa grâce.

J'étais alors rapporteur de l'un des conseils de guerre du corps d'armée ; je frémissais à la pensée de devenir accusateur du prisonnier. Je cherchai vainement à le voir : il avait été remis sous la surveillance du quartier général, qui se trouvait à deux lieues en arrière.

Le lendemain nous entrâmes dans Truxillo ; cette ville avait été complétement abandonnée, aux premières approches de l'avant-garde. Le maréchal Victor fit occuper toutes les positions qui environnent

ce point important, et il établit son quartier général
dans la ville (1).

---

(1) Au commencement de cette guerre, les habitants de
plusieurs villes avaient fui en très grande partie ; mais la
population tout entière de Truxillo avait quitté la place. Le
spectacle d'une grande cité sans un habitant porte dans
l'âme une telle tristesse, qu'un témoin oculaire seul peut
en faire la description

De loin on aperçut Truxillo, la vieille cité romaine,
assise sur la montagne dont ses édifices couronnent la
cime et qu'elle sillonne de ses maisons, qui descendent jusque dans la plaine.

Nous entrâmes dans la ville.

Jamais spectacle pareil ne s'était offert à nos yeux : nous
avions bien trouvé jusque là quelques villages et quelques
bourgs abandonnés, mais jamais une ville entière. Truxillo
était muette, déserte et vide. A notre approche, sa population s'était retirée : d'un seul mouvement 12,000 âmes,
dans un seul et même sentiment d'abnégation pour la pro-
priété, avaient déserté le toit domestique. Une si doulou-
reuse unanimité, qui donnait la mesure de la haine qu'on
nous portait, remplit l'âme de ces soldats, habitués à se
voir si bien reçus partout, de surprise et de tristesse.

On eût cru entrer dans une ville morte ; et cependant la
veille encore cette ville, qui renfermait plus de vingt cou-
vents, huit ou dix églises remarquables, plusieurs palais
magnifiques, avait toute une population de seigneurs, de
bourgeois, de prêtres et de moines. De toute cette population, pas une âme n'était restée ; les malades eux-mêmes
avaient été emportés des maisons et des hôpitaux. On ouvrit toutes les portes sans trouver même un seul animal
domestique.

Long-temps nous nous refusâmes à croire à un tel acte
de patriotisme, dont Moscou devait plus tard nous donner
un nouvel et fatal exemple !... Mais après avoir tout parcou-
ru, tout visité, on acquit la certitude que nulle embusca-
de n'était cachée derrière ce silence, et que les Espagnols
avaient bien réellement fait le sacrifice de tout ce qu'ils
possédaient dans cette riche cité.

Toujours poursuivi par l'idée fatale que cet homme allait être jugé, puis certainement condamné, je me rends à sa prison : j'étais dans une agitation extrême, car aucune lueur d'espérance ne pouvait diminuer mes craintes mortelles. A peine m'eut-il aperçu, qu'il fait un pas vers moi en m'ouvrant les bras, et je m'y jette sans pouvoir proférer un seul mot.

— Je suis aise de vous voir, Monsieur, me dit-il en assez mauvais français, et en me pressant contre son sein... J'étais sûr que, si vous appreniez mon sort, vous penseriez à moi.

Mon émotion était si vive, que je ne pus lui répondre. — Brave jeune homme, continua-t-il, remettez-vous : voyez, moi je suis calme... Je sais cependant que vos lois sont terribles..., et qu'ici peut-être doit finir ma destinée... Oh! si j'étais seul encore!... Et il prononça ces derniers mots avec un accent déchirant.

— Ne désespérez pas, Monsieur, répliquai-je ; mon cœur me dit que vous êtes un homme d'honneur, et je vous jure que je ferai tout pour vous sauver.

Deux heures après, l'aspect de la ville avait changé de face : l'esprit français s'était répandu dans la nécropole et l'avait peuplée. Chaque palais, chaque couvent, semblait avoir retrouvé ses habitants. Les églises elles-mêmes se réveillaient de ce grand silence. Les soldats, pendus aux cordes des cloches, les sonnaient à toute volée, tandis que les musiciens s'emparaient des orgues et leur faisaient répéter des mélodies toutes françaises, et dont quelques unes étaient bien un peu profanes pour le lieu où elles retentissaient.

Pendant ce temps, des groupes nombreux se rassemblaient sur les places ou se promenaient dans les rues, grattant sans pitié les mandolines et guitares qu'ils avaient trouvées dans les maisons vides. Le soir, la ville semblait non seulement ressuscitée, mais encore on eût cru qu'on était aux jours les plus joyeux du carnaval.

— Il est donc bien vrai, s'écria-t-il, que vos lois!... Mais, ajouta-t-il en me serrant la main et en prenant un air décidé, j'avais fait le sacrifice de ma vie... Je saurai mourir pour ma patrie!... Et comme s'il eût été seul, il se promenait à grand pas..., il parlait très haut... Son langage était animé, il semblait inspiré, prêt à faire une action héroïque... On l'entendra, reprenait-il d'une voix forte et avec le geste et l'accent de l'énergie la plus exaltée, on l'entendra ce chant de liberté; ma voix sera aussi ferme en marchant à la mort qu'elle le fut dans certains jours d'allégresse.

Je n'y tins plus, et mes larmes coulèrent abondamment. L'Espagnol s'en aperçut, me prit la main et me demanda de lui procurer du papier, de l'encre, pour écrire à ses enfants. — Mais, lui dis-je, quelle funeste inspiration vous fait entrevoir la mort de si près? Etes-vous donc dans une position désespérée... Ecoutez-moi..., et promettez de me répondre avec franchise... Je connais toutes nos lois, je suis membre de l'un de nos tribunaux militaires; je puis vous donner de bons avis, parlez-moi à cœur ouvert, et sur l'honneur.

Eh! que voulez-vous... que pouvez-vous faire pour moi?... Rien, puisque rien ne peut me sauver. Cependant, pour répondre à votre confiance, je vais vous raconter ma vie singulière... Puissiez-vous parfois vous souvenir du malheureux Santa-Cruz! — Il s'assit près de moi : Je vous jure, me dit-il, foi de noble espagnol! que vous allez entendre l'exacte vérité.

En prononçant ce dernier mot, il fit un signe maçonnique. Je lui tendis la main *en frère*..... Aussitôt il se leva, se jeta dans mes bras, en m'appelant son sauveur.

— Oui, oui, je le serai, lui dis-je; de ce pas je cours vous en donner une preuve...... Allons, le temps presse; je vous quitte, pour revenir dans peu, et, j'ose l'espérer, avec de bonnes nouvelles.

Je m'éloignai en effet sans lui donner le temps de me répondre, et je volai chez mon colonel, le baron Jamin, auquel je rapportai ce qui venait de se passer.

J'étais pénétré si profondément que mon émotion le gagna. Je finissais à peine de parler, lorsqu'il me dit : Suivez-moi chez l'excellent et brave général Barrois (1); nous allons aviser aux moyens de sauver ce malheureux.

Arrivés chez le général, je recommence ma narration. Ce dernier partage nos craintes et nos espérances. Je le vois se rendre chez le maréchal Victor, et en revenir un instant après m'annoncer que l'Espagnol ne serait pas traduit au conseil de guerre..... Je faillis en perdre la tête de joie. Je voulais courir à la prison; mes jambes me soutenaient à peine..... Enfin j'arrive près de cet infortuné..... Il écrivait.... Vous êtes sauvé m'écriai-je !

— Que dites-vous, mon ami? Au nom du ciel, expliquez-vous..... Vous êtes sauvé, repris-je; vous ne serez pas jugé: le maréchal consent à ne vous traiter qu'en simple prisonnier. Ce matin je savais déjà qu'on devait vous amener devant une commission militaire, et le terrible résultat n'aurait pas été douteux !.... Alors je lui contai mes démarches près de mon colonel, puis du chef de corps auprès du général Barrois,

---

(1) Aujourd'hui lieutenant général en retraite.

et l'empressement de ce dernier à solliciter sa grâce..... Quels hommes!.... s'écriait-il. Que de générosité !... Je méritais la mort ! — Mais vous n'ignorez-pas, continuai-je, quelle obligation vous venez de contracter avec l'armée française.

— Je vous entends, et je vous jure, par les serments qui vous sont connus, que jamais je ne porterai les armes contre la France.

Vers minuit nous nous séparâmes, en remettant à bientôt le récit intéressant de sa destinée. Le soir même, je rendis compte à mon colonel et au général de ce qui s'était passé. Pendant ce temps ils s'étaient occupés eux-mêmes de faire une quête, qu'ils me chargèrent de remettre à notre Espagnol, en se promettant d'aller le voir le lendemain.

J'avais rejoint mon bataillon, bivouaqué près d'une porte de la ville, et je me réjouissais de porter le produit de la collecte au prisonnier, lorsque l'ordre nous fut donné dans la nuit de partir avant le jour. Je n'eus pas le temps d'aller à la prison ; j'envoyai au détenu, par un sous-officier de ma compagnie (1), des provisions de bouche et la petite bourse..... Le sous-officier me rapporta de sa part tous les vœux possibles pour mon bonheur, et son nom écrit sur une carte.

Je partis avec un vif regret de n'avoir pu dire adieu à cet homme extraordinaire, vers lequel m'entraînait une si véritable sympathie : son histoire excitait ma curiosité, que certaines de ses exclamations avaient encore accrue.

---

(1) Le sergent Henry, aujourd'hui capitaine en retraite et décoré, à Paris, brave officier qui fut mis plusieurs fois à l'ordre du jour pour sa belle conduite.

Enfin l'assurance d'avoir aidé à conserver la vie d'un homme qui m'avait inspiré tant d'intérêt me faisait un bien inexprimable.

L'armée nous suivit quelques heures après ; le maréchal, n'ayant laissé dans Truxillo qu'une faible garnison, avait rejoint son avant-garde, et marchait à sa tête sur Medellin.

L'ennemi nous attendait là depuis plusieurs jours. Le général Cuesta, qui avait choisi son champ de bataille, exerçait depuis ce temps sur le terrain même ses 45,000 hommes d'infanterie et ses 10,000 chevaux : il avait fait la répétition du combat qu'il nous présentait.

Cette journée fut terrible pour l'armée espagnole, et l'inexpérience des généraux ennemis entra pour beaucoup dans la défaite complète qu'ils essuyèrent. Toute leur infanterie fut tournée, mise en pleine déroute, par les 5,000 chevaux que commandaient les généraux Lasalle et Latour-Maubourg.

Quelques pamphlets publiés en langue française et répandus par nos adversaires jusque dans la plaine outrageaient nos soldats, qui, exaspérés encore par les clameurs injurieuses et les menaces d'un ennemi se prétendant certain de la victoire, s'abandonnèrent à une vengeance que les officiers eurent peine à réprimer : le massacre fut épouvantable, et 17,000 Espagnols restèrent sur le carreau ; pendant l'action on ne fit point de prisonniers ! ! !

Le soir de cet horrible carnage, je me trouvais de garde sur le champ de bataille. J'avais fait relever et amener à mon poste plusieurs blessés espagnols, auxquels un officier de santé de mon régiment donnait les premiers soins.

Parmi eux se trouvait un jeune homme de quatorze

ans environ , dont la physionomie expressive me frappa. Sa tête était enveloppée d'un linge sanglant; son regard fier était celui d'un brave qui sait les droits du courage malheureux, car il s'approcha et me dit en très bon français : Mon officier, faites-moi donner à boire, je meurs de soif. Le ton impératif de cet enfant m'étonna ; cependant je le servis moi-même, et le fis panser : il avait reçu sept à huit coups de sabre sur la tête; heureusement aucune de ces blessures n'était dangereuse.

Le chirurgien , au fur et à mesure qu'il rasait les bords des différentes plaies , lui disait : Je dois vous faire mal, mon ami; mais encore un peu de patience, et j'ai bientôt fini.

— Je sais souffrir, monsieur, répondait le jeune blessé. Plût à Dieu que ce fussent mes seules souffrances !

— Auriez-vous encore d'autres blessures? lui demandai-je.

— Non, mon officier , me répondit-il , mais les blessures dont je parle sont celles que les médecins ne savent pas guérir; aussi voulais-je mourir aujourd'hui.

— Il faut que vous soyez bien malheureux, lui dis-je. Votre situation m'intéresse; venez avec moi prendre un peu de repos : demain vous serez peut-être moins souffrant. Et je l'emmenai à mon bivouac, espérant que plus tard je pourrais adoucir le sort de cet intéressant jeune homme.

Le lendemain matin j'attendais avec impatience le moment où je pourrais renouer la conversation avec mon pauvre blessé. Dès que je lui eus fait prendre quelques aliments , je le pressai de me donner des détails sur sa position, et lui offris mes services. — Ah mon officier, me dit-il, je suis bien malheureux! me voilà seul au monde... Hier mes deux frères ont été tués à mes côtés. Nous avions appris le matin même que notre père avait été pris par les Français..... qu'ils l'avaient fusillé..... Je n'ai plus rien qui m'attache au monde, l'existence me devient un fardeau! Alors cherchant à le consoler, je lui demandai s'il était bien certain que son père n'existait plus? — Nous l'avons appris par un témoin de sa mort. Mon père, monsieur, était le vaillant capitaine de grenadiers. Santa-Cruz était le plus bel homme de toute l'armée. A ce nom prononcé avec enthousiasme, je fis un mouvement de surprise qui étonna le jeune homme, et il répéta avec feu : Oui, monsieur, le plus bel homme de toute l'Espagne. Il avait été chargé par le général en chef, son *ami*, d'une mission secrète de très haute importance.

— Y a-t-il long-temps? lui demandai-je, précipitamment.

— Non, monsieur; il n'y a pas plus de huit jours qu'il nous quitta pour aller sur le Tage.

— Eh bien!

— Eh bien, monsieur, hier matin, quelques heures avant la bataille, un officier qui l'avait accompagné, déguisé comme lui en habitant du pays, vint nous apprendre qu'on l'avait choisi pour guide d'une colonne française; mais qu'ignorant les chemins il avait égaré la troupe; qu'on avait surpris ses papiers, qu'on l'avait jugé, puis fusillé à Truxillo.

J'avais peine à me contenir; mes traits s'altéraient visiblement. On conçoit quelles étaient mes prévisions. Comment se nomme votre père? lui demandai-je en

cherchant la carte que m'avait rapportée le sous-officier envoyé par moi au prisonnier de Truxillo.

Santa-Cruz, me répondit-il.... C'était le nom écrit
sur la carte, que je lui présentai, en lui disant : Mon
jeune ami, je vous assure que votre père existe encore.... Il vit!... Non, je ne crois pas avoir jamais
éprouvé une telle émotion.....

J'embrassai cet enfant, qui, oubliant ses blessures, se précipite dans mes bras et répète avec extase
mes dernières paroles..... Il vit.....

— Oui, mon ami, votre père existe. Il fut arrêté,
en effet, et il eût subi toute la sévérité de nos lois si,
par un hasard providentiel dont je remercie Dieu, on
n'avait découvert qu'il était franc-maçon. Le maréchal qui nous commande lui a laissé la vie..... Vous
le reverrez. Venez avec moi, je vais essayer de vous
faire partir pour Truxillo.

Je le conduisis à l'ambulance, qu'on allait évacuer
sur cette ville. Parmi nos blessés, je reconnus un de
mes camarades (M. de Turckheim, officier de hussards et depuis aide-de-camp, avec moi, du général
Rapp). Il prenait place dans un fourgon qui devait
faire partie du convoi. Je lui recommandai vivement
ce jeune homme.

Le convoi se mit en marche, et mes vœux l'accom-
pagnèrent, comme s'il emportait une fraction de mon
âme.....

J'eus pendant quelques mois des nouvelles de mes
prisonniers. Ils étaient arrivés à Madrid, et ils avaient
obtenu par l'intermédiaire d'un aide-de-camp du roi
Joseph (monsieur le marquis de Clermont-Tonnerre),
la liberté sur leur parole, qu'ils ne violèrent pas.

Nous n'avons jamais été assez heureux pour nous

rencontrer; j'ignorais tout-à-fait ce qu'était devenu Santa-Cruz, lorsque je lus dans un journal la note suivante :

« Parmi les Espagnols qui avaient rendu les plus » grands services, pendant la guerre d'Espagne, et qui » ont été depuis exilés dans la citadelle de Ceuta, se » trouvait le fameux Santa-Cruz, qui est parvenu à » s'évader. Cet homme extraordinaire vient d'arriver » à Londres; il est sans contredit l'un des plus beaux » hommes du monde entier. Sa taille majestueuse ex- » cite l'admiration générale!.... »

Tout vagues qu'étaient ces renseignements, je les lus avec un grand intérêt. Ils furent les seuls que je pus recueillir sur le sort d'un homme qu'il m'eût été bien doux de retrouver.

———

« . . . . . . Tout est parfaitement exact, m'écrivait » Santa-Cruz, excepté vers la fin, lorsque vous rap- » portez ce que disent à mon sujet les journaux anglais. » Je ne fus jamais exilé à Ceuta. Je réfutai cette der- » nière assertion qui vous trompa, lorsque la presse » anglaise s'occupa de moi. J'arrivai effectivement à » Londres, mais en venant de Portsmouth, où j'étais » allé pour m'embarquer. Là j'avais appris les désas- » tres de ma famille; ce qui me fit renoncer pour tou- » jours à mon pays natal, et me fixa dans la ville » manufacturière de Birmingham, afin d'y veiller sur » l'avenir de mon fils..... »

COLONEL J. MARNIER.

2 61

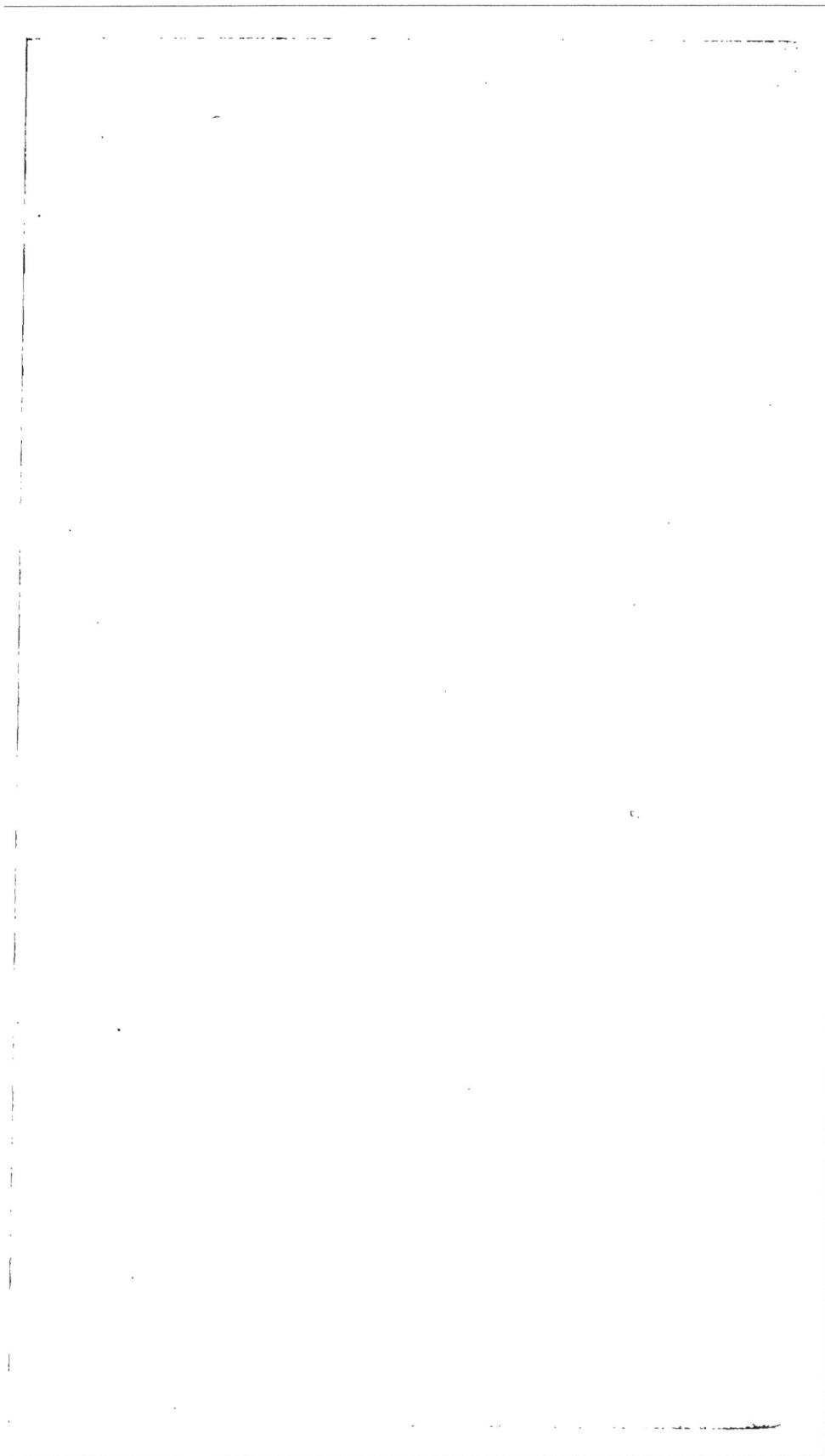

www.ingramcontent.com/pod-product-compliance
Lightning Source LLC
Chambersburg PA
CBHW060446210326
41520CB00015B/3862